筑桥知识星球

神奇动物住哪里？

龟类住在哪儿？

献给杰拉德。

——梅丽莎·斯图尔特

献给亲爱的龟类爱好者安娜贝拉·帕特里克贾·邦德。

——希金斯·邦德

图书在版编目（CIP）数据

神奇动物住哪里？. 龟类住在哪儿？/（美）梅丽莎·斯图尔特著；（美）希金斯·邦德绘；项思思译. — 成都：四川科学技术出版社, 2023.9
ISBN 978-7-5727-0703-2

Ⅰ. ①神… Ⅱ. ①梅… ②希… ③项… Ⅲ. ①龟科 - 少儿读物 Ⅳ. ① Q95-49

中国版本图书馆 CIP 数据核字（2022）第 169042 号

著作权合同登记图进字 21-2022-232 号
First published in the United States under the title A PLACE FOR TURTLES
by Melissa Stewart, illustrated by Higgins Bond.
Text Copyright © 2013, 2019 by Melissa Stewart.
Illustrations Copyright © 2013, 2019 by Higgins Bond.
Published by arrangement with Peachtree Publishing Company Inc.
Simplified Chinese translation copyright © TGM Cultural Development and Distribution (HK) Co. Limited, 2022
All rights reserved.

神奇动物住哪里？　　龟类住在哪儿？
SHENQI DONGWU ZHU NALI?　　GUILEI ZHU ZAI NAR?

著　　者	[美] 梅丽莎·斯图尔特
绘　　者	[美] 希金斯·邦德
译　　者	项思思
出 品 人	程佳月
项目策划	筑桥童书
责任编辑	张湉湉
助理编辑	朱　光　魏晓涵
内容策划	林　跞
装帧设计	浦江悦　王竹臣
责任出版	欧晓春
出版发行	四川科学技术出版社
地　　址	成都市锦江区三色路 238 号　邮政编码：610023
	官方微博：http://weibo.com/sckjcbs
	官方微信公众号：sckjcbs
	传真：028-86361756
成品尺寸	235 mm×210 mm
印　　张	2
字　　数	40 千
印　　刷	河北鹏润印刷有限公司
版　　次	2023 年 9 月第 1 版
印　　次	2023 年 9 月第 1 次印刷
定　　价	128.00 元（全 6 册）

ISBN 978-7-5727-0703-2

■版权所有 翻印必究■
（图书如出现印装质量问题，请寄回印刷厂调换）

筑桥知识星球

神奇动物住哪里？

龟类住在哪儿？

[美] 梅丽莎·斯图尔特 / 著　　[美] 希金斯·邦德 / 绘　　项思思 / 译

四川科学技术出版社

龟类令我们的世界多姿多彩,但人类的一些行为让它们的生存和繁衍艰难无比。如果我们可以齐心协力帮助这些神奇的生物,它们就能在地球上始终保有一片栖息之所。

◆ 瞧！是龟

我们常常将龟类、蛇和蜥蜴，以及鳄鱼相提并论，因为它们都是爬行动物。有些龟类一生中大部分时间都是在陆地上度过的，有些则生活在湖泊、河流甚至大海里。虽然生存区域有所不同，但所有的龟类都是从坚韧的卵里孵化出来的，它们的卵也都是产在陆地上的。幼龟通常比较小，但是它们和自己的父母长得简直一模一样。

▲星点龟

和其他生物一样，龟类也需要安全的环境抚育后代。如果栖息地被外来生物入侵了，它们就难以找到筑巢的地方。如果人们能控制这些外来物种的扩张，龟类就能生存并得以繁衍。

◆ 牟氏水龟

珍珠菜能开出漂亮的小紫花,又可入药,所以欧洲殖民者将其带到了北美。随后茂密的珍珠菜蔓延到了湿地边,令牟氏水龟难以找到阳光充足的地方筑巢。1997年起,人们开始用甲虫来控制珍珠菜的长势。现在,牟氏水龟已经有足够的地方可以筑巢了。

如果人们把鱼放进湖泊和池塘里，幼龟生存的希望会变得渺茫。如果人们把刚出生的幼龟放在安全的环境中喂养，龟类就能生存并得以繁衍。

◆ 斑石龟

19世纪，美国人向西迁徙时，在新家附近的池塘和湖泊里养殖了许多大口黑鲈。这些入侵的鱼需要大量食物，而斑石龟对它们而言再美味不过了。1990年，整个华盛顿州就只剩下150只斑石龟了。

人们注意到这个问题后，开始把刚孵化的幼龟送到动物园喂养。经过饲养员的精心照料，长大后的斑石龟再回归自然栖息地生活。如今华盛顿州已经有1 000多只斑石龟了。

成龟也面临着许多危险。海龟一旦被渔网困住，就会有生命危险。如果渔民们可以使用带有海龟逃生口的渔网，龟类就能生存并得以繁衍。

◆ 蠵(xī)龟

过去，大量蠵龟死于捕虾的渔网。1988年，美国国会通过了一项法案，要求渔民使用带有海龟逃生口的渔网，这样既可以捕捉到鱼虾，又能放蠵龟一条生路。法案实施以来，被困渔网丧命的蠵龟数量已减少了近70%。

龟类有时会误食塑料袋，因为那些塑料袋样子很像水母。它们会堵塞龟类的胃，使其活活饿死。如果人们不再使用塑料袋，龟类就能生存并得以繁衍。

◆ 棱皮龟(léng)

20世纪80年代中期，北美各地的商店都不再使用纸质购物袋，取而代之的是塑料袋。数百万不易降解的塑料袋最终进入大海，给棱皮龟带来了巨大的伤害。现在许多家庭去购物时，都会自带可反复使用的布袋，像这样一点儿小小的改变就可以拯救无数棱皮龟的生命。

有些龟类因为味道十分鲜美,成了人类的盘中餐。如果能立法禁止捕杀这些龟类,它们就能生存并得以繁衍。

◆ 钻纹龟

19世纪末，马里兰州和弗吉尼亚州的居民每年都会捕捉近10万只钻纹龟，用它们的肉做汤。20世纪20年代，已经几乎看不到钻纹龟的身影了。虽然现在的高级餐厅已不再供应龟肉汤，但还是会有人吃龟肉。如今，美国已经有多个州颁布法令，宣布猎捕钻纹龟是违法行为，但它们的生存处境仍然岌岌可危。

许多人外出远足时，会松开牵引绳，让狗狗自由行动，但好奇的狗狗会伤害到龟类和其他小型动物。如果远足的人可以牵好自己的狗狗，龟类就能生存并得以繁衍。

◆ 锦龟

人们带着狗去森林、湿地或野外游玩时，喜欢让狗狗自由奔跑。由于狗是捕食者，天性促使它们追赶、攻击一些体型比自己小的动物。系好牵引绳，就可以挽救龟类和一些其他野生动物的生命。

有些龟类的身体和背甲颜色多样，人们喜欢把它们当宠物养。如果人们不再把它们当作宠物饲养，这些美丽的爬行动物就能生存并得以繁衍。

◆ 红耳龟

红耳龟颜色艳丽,背甲花纹十分有趣,许多人都乐于将其作为宠物。然而,龟类是野生动物,无法和人产生情感联系,生活在水族箱中还会令它们十分紧张。对龟类来说,最好归宿就是大自然,年老的龟类也不例外。

许多人都喜欢在集市、竞技场，或野餐时看龟类赛跑，他们觉得十分有趣。但是当来自不同地方的龟类互相接触后，它们可能会生病。如果人们能了解这些比赛背后的真相，加以抵制，龟类就能生存并得以繁衍。

◆ 箱龟

人们每年都会捕捉 15 000—25 000 只箱龟，让它们参加当地的龟类比赛。比赛时，来自不同地方的箱龟可能会相互传播病菌，所以许多箱龟在比赛后便生病死去了。即使有些箱龟在赛后依旧健康，也可能无法被放归栖息地。赛龟对人类而言很有趣，但对于龟类来说，不被打扰才是最好的。

龟类颜色偏暗，移动速度缓慢，人们开车时难以发现它们，等注意到时，往往为时已晚。如果人们能在繁忙的公路上修建防龟栅栏，龟类就能生存并得以繁衍。

◆ 阿拉巴马红腹龟

尽管多年来，人们都在努力保护阿拉巴马红腹龟，它们仍然面临着许多危险。2001—2006年，共有400多只阿拉巴马红腹龟丧生于"移动堤道"这一四车道公路。于是，2007年工人们在公路边建起一道4.3米长的栅栏，防止它们爬到公路上。

▲ 阿拉巴马红腹龟

如果龟类的天然栖息地遭到了破坏，它们也会出现生存危机。有些龟类只能生活在长有许多灌木丛的沙漠里。如果人们能保护好龟类的栖息地，它们就能生存并得以繁衍。

◆ 莫哈维沙漠陆龟

20世纪50年代，内华达州的拉斯维加斯成为受人们欢迎的居住地。随着城市规模的不断扩大，工人们在莫哈维沙漠陆龟的栖息地上，建起了一座座住宅、一片片商业区和一个个停车场。不久，这些龟类的生存就出现了问题。1989年，美国鱼类和野生动植物管理局将莫哈维沙漠陆龟列入了濒危物种名单。现在，人们正在努力保护这些龟类生存的沙漠区域。

有些龟类只能生活在浅滩、沼泽和池塘里。如果人们能多创造一些新的湿地，龟类就能生存并得以繁衍。

◆ 布氏拟龟

1996年，纽约市拉格兰奇高中要扩大学校规模，但可用于扩建的位置只有一处，就是布氏拟龟生存的一片湿地。为了解决这个问题，工人们将湿地里的土壤和植物都挪到了另外一处地方，为布氏拟龟创建了一个新家。现在，学生们都密切关注着布氏拟龟和它们的栖息地。看起来这些龟很喜欢它们的新家呢。

▲布氏拟龟

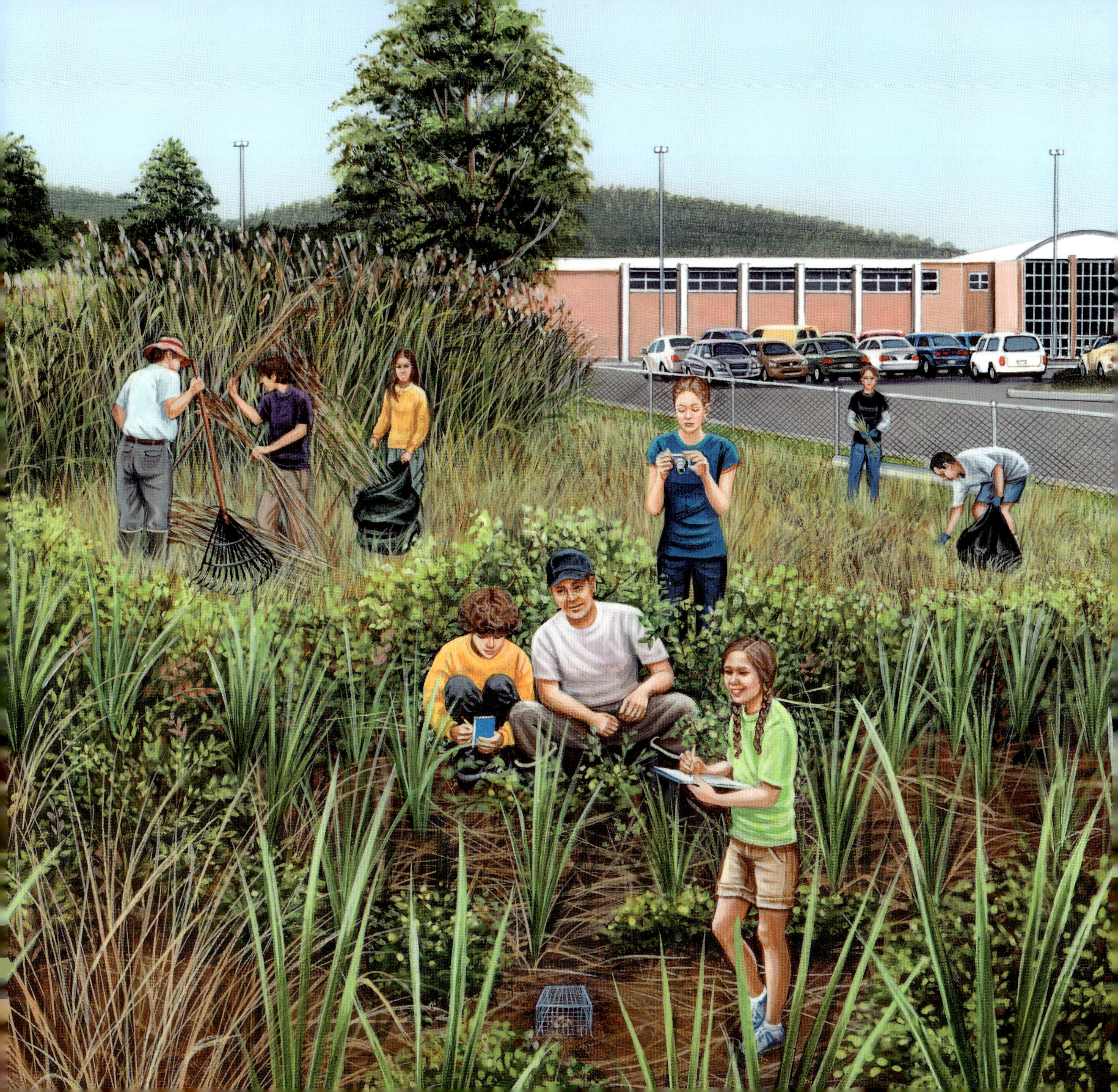

如果龟类大量死亡，其他动物也会受到影响。这也是为何保护龟类及其栖息地如此重要。

◆ 其他动物也需要龟类

龟是食物链的重要组成部分。它们的卵是蛇、蜥蜴、水獭、浣熊、獾(tā)、老鼠、苍鹭和鸥类的重要食物来源。成龟也是土狼、狐狸、鼬鼠、貂、臭鼬、负鼠、鹰、鹗(è)、鲨鱼、短吻鳄和其他鳄鱼的食物来源。没有龟类，许多动物都会饿肚子。

龟类已经在地球上生活了大约 2.2 亿年。虽然人类活动有时候会伤害龟类，但仍有许多方法可帮助这些神奇的动物长长久久地生存下去。

◆ 救救龟类

🐢 不捕捉或饲养龟类，让它们自由生活在大自然中。

🐢 不在宠物店购买龟类。它们是野生动物，大自然才是它们真正的家。

🐢 如果有人送给你一只龟，请不要随意把它放生到野外。它可能会传染病菌给其他龟。

🐢 不要向水里扔垃圾。

🐢 不要将清洁剂或其他化学制品倒入下水道。

🐢 加入环保组织，共同努力保护或恢复附近的河流、湖泊、溪流、池塘或海洋。

▷ 与龟类有关的二三事 ◁

※ 没人知道世界上到底有多少种龟。到目前为止,科学家已经发现并命名的有250多种,其中大约有50种生活在北美。牟氏水龟是世界上最小的龟,只有10厘米长;棱皮龟是世界上最大的龟,有1.8米长。

※ 通过观察龟类的外形就能判断出它大部分时间是生活在水中还是陆地上。大多数陆龟,如箱龟和沙漠陆龟,都长着一副又高又圆的龟壳;生活在河流、湖泊或海洋中的龟类则长着一副矮矮的、又扁又平的壳。

※ 龟壳由60种不同的骨头构成。大多数龟类都会在寒冷的冬天冬眠,但有人见过布兰丁龟在冰下游泳。

※ 海龟多数时间在水中生活,通过蹼足游泳。陆龟一生都在陆地上度过,它们圆圆的腿又粗又短,非常适合行走。北美淡水龟要在既有水又有陆地的地方生活,所以通常生活在沼泽地区。

※ 有些龟类的寿命可达100多年,少数龟类在没有食物的情况下,也能存活1年多。

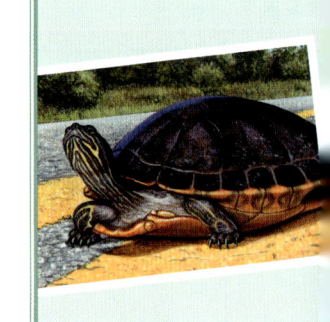